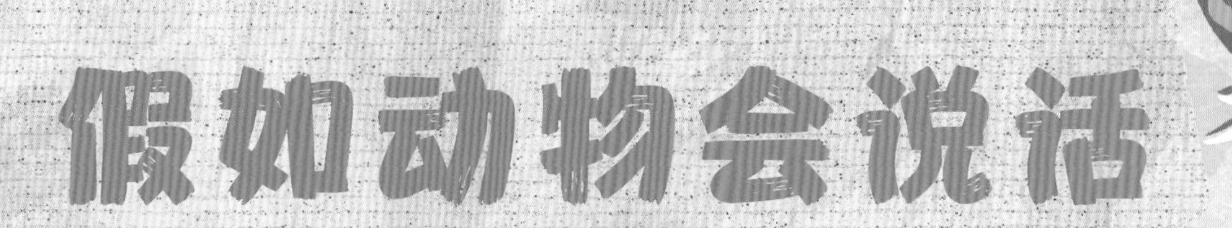

假如动物会说话

蒙　哥 / 著
麦川文化 / 绘

走开，我脾气不好！

辽宁科学技术出版社
· 沈阳 ·

动物界的暴脾气之 北美短尾鼩鼱

暴躁指数：★
破 坏 力：★

美国罗斯福总统曾说过，短尾鼩鼱是他见过的最嗜血的动物。

没错，说的就是我们。我们虽然长得小，但是脾气暴躁，可不是外表上看着那么好惹的。我们住在北美东部的森林和草原，喜欢吃无脊椎动物和各种小型脊椎动物，偶尔也吃植物。我们虽然看上去很柔弱，但其实我们的唾液腺能分泌一种毒素，被我们咬伤的动物会很快丧失活动能力，乖乖就范。就算是比我们大很多的蛇，我们也不怕！

动物调查

北美短尾鼩鼱全年都很活跃，特别能吃，每天可以吃掉自己体重 3 倍的食物，不然就会饿死，3 个小时不吃东西心脏就会停止跳动！

所以，它们经常为了食物大打出手，不分昼夜地去寻找和争夺食物。

它们发怒时的最快心率可以达到每秒钟 20 次，是人类的十几倍！

因为它们的代谢速度远高于人类，所以怎么吃也不会胖。

天生的暴脾气加上过快的代谢速度，导致鼩鼱的寿命只有 1 年左右。

鼩鼱这种看似“不起眼”的小动物，却在哺乳动物的进化史上起着非常重要的作用。

它们在白垩纪时就已经出现了，跟恐龙是同一个时期的生物，是有胎盘的哺乳动物中最原始和最古老的一支，是大多数比较高级的哺乳动物类群的祖先。

鹅

暴躁指数：★★
破 坏 力：★

在众多的家禽中，我们是一种神奇的存在，体型不大，脾气却不小，我们不怕你们人类。

我们很容易被激怒，有时候你们可能并没有招惹到我们，我们也会发起攻击，啄得你们嗷嗷大叫。

听说，许多人小时候都有被我们啄过的可怕经历！

我们的领地意识和警戒能力极强，战斗力也不赖，听觉敏锐，反应迅速，叫声响亮，性情勇敢、好斗，且容易被激怒，陌生人距离我们太近或者注视我们太久都会激起我们的战斗心。

不管是谁，只要入侵我们的领地，我们就会发起攻击，因为我们眼里看到的物体比实际要小，所以我们根本没把人类当回事儿。

鹅是人类最早驯化的家禽之一，在世界范围内广泛饲养。

中国家鹅由鸿雁驯化，欧洲家鹅大多由灰雁驯化。

家鹅喜欢在水中生活，不吃肉类，只吃水生植物和人们投放的稻谷等饲料。

在高卢人入侵罗马时，鹅依靠出色的警戒能力及时报警，使罗马守军发现了偷袭的高卢人，从而一举扭转战局。从此以后，鹅在欧洲就有了一个特殊职业——警卫。

据说，苏格兰有一座巨大的威士忌酒窖，藏酒价值近 3 亿英镑，20 多年来，一直由几十只鹅担任警卫任务，从未失窃。

动物界的暴脾气之
袋獾

暴躁指数：★★★
破 坏 力：★★

我们身上有跟袋鼠的育儿袋一样的东西，爱吃肉，现在只有在澳大利亚的塔斯马尼亚州才能看到我们的身影，听说人们给我们起了一个响亮的别称——塔斯马尼亚恶魔！

这个名字倒是挺贴切的，我们以独特的嚎叫声和暴躁的脾气著称，而且这暴脾气是天生的，从离开母亲育儿袋的那天起，我们就天天打架，直到长大。

我们的噬咬能力十分强大，参考各种哺乳动物的体重而言，我们可以说是哺乳动物中噬咬能力最强的。这么说吧，一只 6 千克重的袋獾不但能杀死小型鸵鸟和绵羊，甚至能够杀死 30 千克重的袋熊！

我们发脾气的方式有两种。

第一种是叫声。在发怒和恐惧时，我们的叫声非常尖锐刺耳，可以起到比较强的威慑作用，很多时候光凭借叫声就把敌人吓跑了。大家在一起用餐的时候，也会先大声吵一架，这就像我们的“用餐礼仪”一样。听说，塔斯马尼亚的原住民就是被夜晚远处传来的可怕尖叫声吓到，才给我们起名“塔斯马尼亚的恶魔”的。

第二种是“生化武器”。遇到危险时，我们的身体可以释放出一股莫名的臭味。臭味会大大影响猎食者的兴趣，让它们放弃对我们的猎杀。

动物调查

袋獾在澳洲是标志性的动物，塔斯马尼亚的国家公园和一些野生动物机构都用袋獾作为标志，而且澳式足球联赛代表队不仅以袋獾为标志，甚至取名为“塔斯马尼亚恶魔队”。已解散的荷巴特篮球队也叫“恶魔队”。

袋獾也是出现在1989—1994年间发行的200澳元纪念硬币上的六种本土动物之一。

无论是本地游客还是外地游客，都非常喜欢袋獾。

但是，如果在野外遇到袋獾，你可千万不要以为它们长相呆萌就随便逗弄，否则很有可能遭遇攻击！

狮尾狒

暴躁指数：★★★

破 坏 力：★★

我们住在非洲埃塞俄比亚海拔 2000 ~ 5000 米的山坡草地等地带，是唯一以草为主要食物的灵长类动物。我们的祖先曾是地球上体型最大的猴科动物，是十足的猛兽，不过如今已经没落了。猿猴的种类有很多，狒狒算是里面最为暴躁的一种了。

我们当中的成年雄性狮尾狒是十足的暴君，发怒时会陷入狂怒：像狗一样狂吠，疯狂地扭曲自己的面部，然后在群体中到处乱冲乱撞。它那斗篷一样的长毛左右来回地甩动，把挡在它面前的狮尾狒都驱散，直到拦住惹恼它的那只，并且将它毒打一顿才能解气。

是不是很可怕？

当我发怒的时候，都敢追着花豹跑！
就算再强大的猎食者，看着我们这么大的队伍，都得让三分啊！
当然了，我可不是自己去追，我们是团结的动物，通常都是一大群同伴一起出击！

动物界的暴脾气之袋鼠

暴躁指数：★★★
破坏力：★★★

跟前面出场的袋獾一样，我们也是有袋动物，住在澳大利亚大陆和巴布亚新几内亚。

我们的种类很多，其中有些只能在澳大利亚见到，所以我们是澳大利亚的国宝哦。

有人肯定会觉得，袋鼠看起来挺可爱的呀，怎么会是暴脾气呢？会不会搞错了？

其实，我们小时候确实挺可爱的，但是一旦长大，可就不一样了。我们浑身肌肉，还长着锋利的指甲，欺负过的动物数不胜数，甚至还会攻击人类。

动物调查

澳大利亚曾有一只网红袋鼠，名叫 Roger，身高两米多，全身都是健硕的肌肉。

它平常的爱好就是喜欢追着人满地跑，抓到就是一顿暴揍，没事就做揉捏铁桶这种暴力运动。

要知道，在以鳄鱼、毒蜘蛛、毒蛇为特产的澳洲，袋鼠可以说是这片狂野大地上的无冕之王，几乎打遍海陆空无敌手。澳洲的各类物种，在袋鼠面前都得认怂。

而野生袋鼠，不但有领地意识，被人围观后更是容易暴躁异常。所以澳大利亚政府做了很多警示牌，提醒人们不要轻易靠近袋鼠，它们是属于具有危险性的动物！

动物界的暴脾气之
豹形海豹

暴躁指数：★★★
破坏力：★★★

虽然属于食肉目，但是大多数海豹性情还是比较温驯的，我们对人类也非常有好感，比如僧海豹。

但是凡事都有例外，我们家族中也存在一位暴脾气的成员，就是豹形海豹。

豹形海豹与僧海豹其实是近亲，但是脾气却天差地别。豹形海豹一点儿也没受到僧海豹好脾气的影响，反而是海豹家族中脾气最坏的那一类。

往哪儿跑！

豹形海豹的脾气简直不能用“差”字来形容，应该说是残忍！

动物调查

它们长着巨大的犬牙，常常捕食企鹅和其他鸟类，还会对其他海豹或者海豹幼崽狠下毒手。

它们在南极地区处于食物链的顶端，胆大且好奇心强。

豹形海豹虽然暴躁无比，却也有惧怕的对手。这个专治豹形海豹的狠角色不是北极熊（因为豹形海豹主要生活在南极，与北极熊根本见不到面），而是海洋中最厉害的杀手——虎鲸！

性情暴戾可能不讨人喜欢，但这却是一个物种在自然界中存活下去的最好武器。

像性情温驯的僧海豹属，目前基本上已经濒临灭绝（三种有一种已经灭绝，另外两种都已经只剩下数百只），而暴脾气的豹形海豹家族则要繁荣昌盛得多。

动物界的暴脾气之

喜鹊

暴躁指数：★★★

破 坏 力：★★★★

伙伴们，就是这个家伙，上次把我的窝弄坏了！

过去，人们认为我们是一种吉祥鸟，能报喜。

其实，我们是最聪明的鸟类之一，适应能力强，能适应有人类活动的环境。在人类活动多的地方能经常看到我们的身影，但你如果就此认为我们很温驯，那就大错特错了！

别看我们个头儿不大，其实非常容易生气，很暴躁。一旦我们感觉到自己受到了威胁，或者受到了“欺负”，我们可不会轻易忍受，绝大多数情况会反抗的哦！

动物调查

最典型的例子就是黑背钟鹊（澳洲喜鹊），它们会主动攻击路过的人。

仅 2017 年，就有 3000 多例喜鹊攻击人的案例，其中有 520 人受伤，每年这个数值还在逐步增加。澳洲政府实在没辙了，只能在有喜鹊出没的地方安上警告牌，提醒路人：小心“愤怒的小鸟”出没！

喜鹊智商高，而且相当记仇，布里斯班有一个人声称自己被同一只喜鹊袭击了 25 年！如此看来，怪不得连空中的霸主老鹰都不会轻易招惹喜鹊，团体作战、智商高、报复心强的喜鹊真是惹不起呀！

动物界的暴脾气之

兔狲

暴躁指数：★★★★

破 坏 力：★★

虽然我们的名字叫兔狲（sūn），但我们既不是兔子也不是猴子，而是一种小型猫科动物。“兔狲”这个名字是从古代的突厥方言中音译过来的，原意是“站住”的意思。

作为一种体型比较小的猫科动物，我们成年后的体重也只有 3 千克左右，和普通的家猫差不多，甚至还比不上个头比较大的家猫。

你别看我们长得很呆萌，实际上我们攻击性非常强，而且脾气暴躁。我们不喜欢与人类亲近。你最好别惹恼我们，否则我们会主动向你发起攻击，后果绝不会像让家猫挠花脸那么简单。

尽管兔狲的体型很小，但是它们的猎食能力却很强。

在兔狲的活动范围内，只要不是体型太大的动物，都可能被其拿下。

许多个头比兔狲更大的猎食者，也不敢向这个小霸王发起攻击。

同时，兔狲还是最难人工圈养的猫科动物，没有任何动物园能够做到让兔狲稳定繁殖。

论饲养难度，兔狲比狮子、老虎等大型猫科动物还要难养！

对于脾气暴躁还不受约束的兔狲来说，大自然才是它们真正的家。

兔狲和老虎一样，是典型的独居动物。它们以洞穴或岩石缝隙为家，但是却不会挖洞筑巢。

因此，强势的兔狲常常把土拨鼠等动物杀死吃掉，再占领它们的洞穴。可怜的土拨鼠，谁让你遇上兔狲了呢！

动物界的暴脾气之黑曼巴蛇

暴躁指数：★★★★

破坏力：★★★

世界上的毒蛇有很多，单论毒性我们可能连前五名都进不去，但是我们却是世界上攻击性最强的毒蛇。

我们是眼镜蛇的近亲，是非洲最长、最可怕的毒蛇，也是世界上爬行速度最快的蛇，速度可达 16 ~ 20 千米 / 时。

我们的平均全长为 2.4 米，最大可以长到 4.5 米，是世界第二长的毒蛇，仅次于亚洲的眼镜王蛇。

我们口中的毒液非常厉害，只需要两滴就可以致人死亡，而我们的毒牙里随时都储存着 20 滴毒液！

听说了吗？最近有不少兄弟莫名其妙消失了？

是吗？不知道又出现了什么可怕的猎手，咱们可得小心点儿了！

动物调查

人类一旦被黑曼巴蛇咬到，会在 30 ~ 60 分钟内死亡。

在有效血清面市之前，由黑曼巴蛇造成的死亡率接近 100%。

正常情况下黑曼巴蛇是不会主动攻击人类的，但是如果它觉得你对它有威胁，那就会毫不犹豫地发起攻击。它发起攻击的速度极快，即便是专业运动员都跑不过它！

动物界的暴脾气之
北极熊

暴躁指数：★★★★
破　坏　力：★★★★

我们是世界上最大的陆地食肉动物之一，又名白熊。

我们的形象经常出现在动画片当中，给人的感觉是温驯、憨厚、可爱、忠诚，是人类的好伙伴。我们在冰川上睡觉的时候，就像一个 3 岁孩童抱着入眠的布娃娃一样可爱。

但事实上，我们是唯一主动攻击人类的熊，而且攻击大多发生在夜间！每年都会有几十起北极熊主动袭击人类的事件发生。

动物调查

北极熊的视力和听力与人类相当，但它们的嗅觉极为灵敏，是狗的 7 倍；奔跑速度可达 60 千米 / 时，是世界百米冠军的 1.5 倍！

北极熊在熊科动物家族中属于典型的食肉动物，日常食物中的 98.5% 是肉类。

有许多生物学家现在把北极熊归类为海洋动物，原因是北极熊生活的基底是海冰，它们觅食、求偶、交配活动都在海冰上进行，而海冰仍然属于北冰洋的一部分，不属于陆地。而且它们的食物来源海豹、海象、白鲸等都是海洋动物。

但不管怎样，北极熊作为北极圈内的霸主，巨大的体型和暴躁的脾气让它们完全没有天敌！

动物界的暴脾气之
爆炸蚂蚁

暴躁指数：★★★★
破 坏 力：★

我们的学名是桑氏平头蚁，主要居住在东南亚各国的热带雨林中。

蚂蚁界有“四凶”：爆炸蚁、行军蚁、食人蚁、子弹蚁。相比于其他三种蚂蚁，我们可能是所有的蚂蚁种群中脾气最不好的。

简单概括一下我们剽悍的性格，文艺点儿的说法就是：宁为玉碎，不为瓦全。

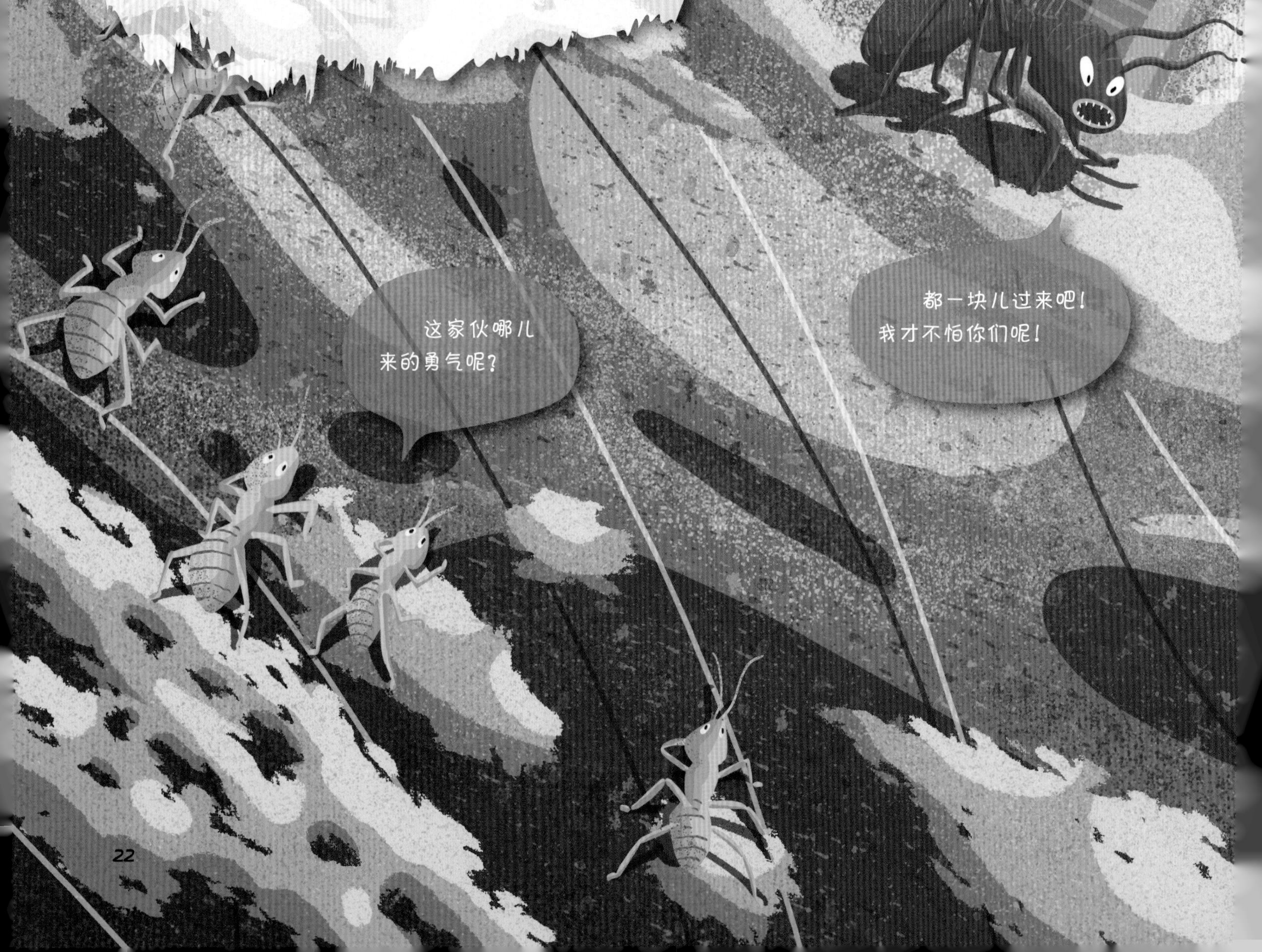

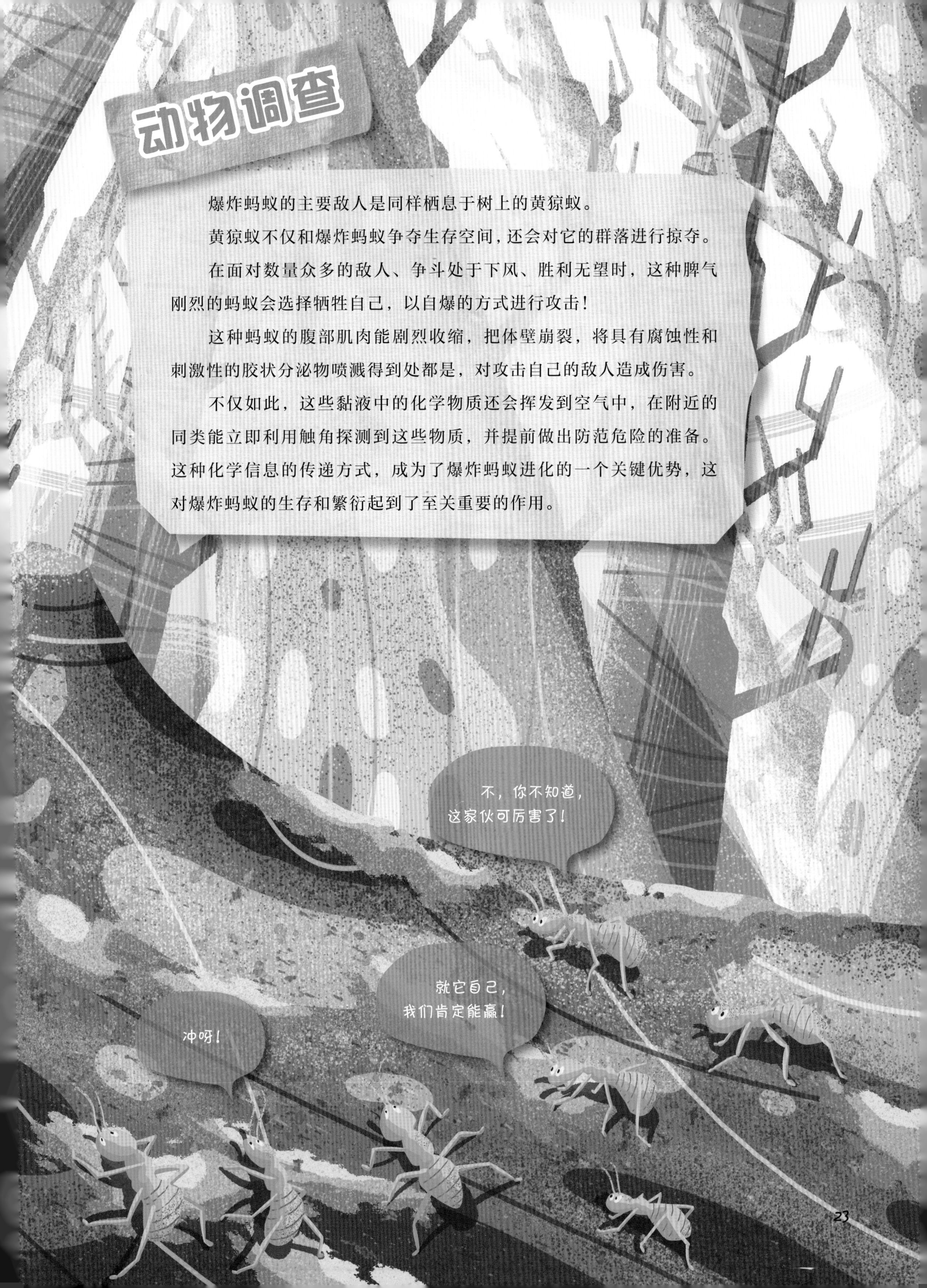

动物调查

爆炸蚂蚁的主要敌人是同样栖息于树上的黄猄蚁。

黄猄蚁不仅和爆炸蚂蚁争夺生存空间，还会对它的群落进行掠夺。

在面对数量众多的敌人、争斗处于下风、胜利无望时，这种脾气刚烈的蚂蚁会选择牺牲自己，以自爆的方式进行攻击！

这种蚂蚁的腹部肌肉能剧烈收缩，把体壁崩裂，将具有腐蚀性和刺激性的胶状分泌物喷溅得到处都是，对攻击自己的敌人造成伤害。

不仅如此，这些黏液中的化学物质还会挥发到空气中，在附近的同类能立即利用触角探测到这些物质，并提前做出防范危险的准备。这种化学信息的传递方式，成为了爆炸蚂蚁进化的一个关键优势，这对爆炸蚂蚁的生存和繁衍起到了至关重要的作用。

我们有一个好听的学名——鹤鸵。

世界上有很多不能飞行的鸟类，我们就是其中之一。我们头顶巨冠，脚带利刃，卯足了劲儿后的一记横扫便能夺人性命，有人说我们是“美丽又危险”的生物。

我们是最古老的鸟类之一，是世界第三大鸟类。

我们为什么叫食火鸡呢？这是因为我们看到人类弃置的炭火灰烬时，总要上去啄一啄。其实，我们并不是喜欢吃火，我们这样做的目的是吞下熄灭的炭块来帮助消化。

我们脾气暴躁，如果你离我们太近，就可能会遭到袭击，要是被我们踢上一脚，那滋味可不好受啊！ 2004 年吉尼斯世界纪录把我们列为“世界上最凶猛的鸟类”之一。

动物调查

这种鸟还“参加”过二战，曾经攻击过驻扎在新几内亚的军队。

2019 年 4 月 12 日，美国佛罗里达州一名 75 岁的男子在家中被食火鸡袭击，因伤势严重，该男子在医院抢救无效去世。

在 1999 年的一项研究中，澳大利亚昆士兰公园和野生动物服务中心统计了昆士兰州 221 起食火鸡袭击事件，其中 150 起是针对人的！

它们堪称世界上脾气最暴躁、最危险的鸟类。看完这些，你还敢去接近它们吗？

动物界的暴脾气之

牛鲨

暴躁指数：★★★★
破坏力：★★★★

我们的学名是公牛真鲨，具有高度攻击性和极端区域性，会攻击其他入侵我们领地的生物，包括人类。

我们尤其喜欢攻击活动的物体，十分凶狠、剽悍，攻击性强，难捕捞，难驯服，这是因为我们体内的睾酮含量比任何动物都高。此外，我们还具有一个很多鲨鱼都没有的能力：可以在海水和淡水两种环境中生存。

在大约 4 亿年前，我们就已经游弋在大海之中，比现存的其他鲨鱼早 1 亿年，是鲨鱼家族中最令人闻风丧胆的鲨鱼之一！

动物调查

牛鲨与大白鲨、沙虎鲨一起被列为最具攻击性、最凶猛、最常袭击人类的鲨鱼，但牛鲨袭击人类的记录比大白鲨还要多。

它们的视力不好，但嗅觉却异常灵敏，可以嗅出稀释在 10 万升水里的一滴血，并能凭此在海里跟踪数千米找到血源。

牛鲨是一种伏击型食肉动物，它能造成致命的创伤，无论猎物多大它都无所畏惧，所以科学家们把它视为“最好斗的鲨鱼”。

人们在它们胃里曾发现过牛、狗、鳄鱼、人甚至河马的尸体。有时，牛鲨连其他鲨鱼都吃！

动物界的暴脾气之

黑犀

暴躁指数：★★★★

破 坏 力：★★★★

我们是世界上分布最广、数量第二多的犀牛，也是脾气最暴躁的犀牛！

我们主要居住在非洲东部和中部以及南部的一小片地区，北至苏丹东北部，西至尼日利亚东北部，是非洲国家莱索托的国兽。

我们的体重范围是 800 ~ 1400 千克，虽然体型没有白犀大，但是脾气却比白犀大得多，有时会攻击车辆、人和营地。

我们还擅长冲刺，短距离奔跑的速度可达 50 千米 / 时，相当于一辆正在行驶中的汽车。想象一下，如果被奔跑速度这么快、头部长有实心尖角的大家伙突然顶一下，后果得多么惨烈！

河对岸的是个什么东西？

除了超强的攻击力，犀牛身上还有一层铠甲一样坚硬的皮肤。

这层皮肤能为犀牛抵挡外界的攻击，自古以来就是战甲的绝佳材料，一般的东西是很难伤害到它们的！就连非洲的王者——狮子，都不敢去招惹它们。

黑犀脾气这么坏的一个主要原因就是它们糟糕的视力！

它们大概只能看到 30 米外物体的大概轮廓，只能看清近在眼前的东西，所以它们才特别容易被激怒，哪怕一只蝴蝶经过都可能引起它们的追逐。

动物界的暴脾气之 非洲野水牛

暴躁指数：★★★★
破坏力：★★★★

我们居住在中非和东非，是群居的哺乳动物。因为在非洲大草原上，我们总是被狮子和猎豹追得到处跑，所以大家便认为我们很懦弱，一直被欺负也不敢反击。

其实，你们都错了，我们可是“非洲最危险的动物”之一，危险级别跟狮子和鳄鱼一样，甚至更高！

在漫长的历史上，我们从未被人类驯化，浑身充斥着野性，虽然是素食主义者，但性情凶猛，脾气暴躁。落单的非洲野水牛或带着小牛的母牛尤其具有攻击性，很危险。我们对打扰我们宁静生活的人类具有强烈的敌意！

动物调查

成年的非洲野水牛肩高1.4～1.7米，体长2.1～3.4米，体重能达到1吨。

生气时，它们会用头顶上的硬角冲撞、钩刺，还会用长着硬蹄的后腿猛踢。

它们野蛮强横、力大无比，狮子和猎豹碰到也是非死即伤，更不要说人了！

狮子从来不敢单独、草率地对非洲野水牛发动攻击，通常是计划好后成群出动。狮群会寻找幼小或落单的水牛下手，尽管如此，它们每次对非洲野水牛的出手都是一场以命相搏的豪赌。

许多狮子因此丧命，故而有人戏称非洲野水牛是杀死狮子最多的野生动物，真的是“牛不可貌相”！

动物界的暴脾气之
湾鳄
暴躁指数：★★★★★
破 坏 力：★★★★
这暴脾气，
惹不起，惹不起！

我们有很多名字，比如咸水鳄、食人鳄、马来鳄，在湿地食物链中位居最高层，是现代23种鳄鱼品种中最大型的一种，也是世界上现存最大的爬行动物！

成年后，我们的体长最多可以长到7米以上，体重大约为1.6吨，只需一口就能咬碎海龟的硬甲和野牛的骨头！

我们的领地意识很强，能适应高盐度的水质，因此得名咸水鳄。

我们脾气暴躁、残忍，会主动攻击所有侵犯我们领地的动物，甚至会袭击人和船只。

动物调查

1945年，英国军队在兰里岛登陆，岛上日本驻军拼死抵抗。

当日军抵抗不住进行回撤时，在一片沼泽中遭到了湾鳄的攻击。

一名巡逻的士兵记录下了这一事件，他在日记里写下："1000名日本士兵进入沼泽，只有20人活着出来。"

后来，这一惨案被广泛传播，并且载进了吉尼斯世界纪录，成为历史上最严重的动物袭击人类事件，湾鳄也因此有了"食人鳄"的称号。

动物界的暴脾气之

杀人蜂

暴躁指数：★★★★★

破 坏 力：★★★

当你走在乡野的路上，一只蜜蜂落在你的衣袖上，任凭你如何驱赶它都无动于衷。这种情况下，用手指弹开或是把它打死应该是最正常不过的一种操作了吧？

但如果你身处美洲，尤其是气候温润的拉丁美洲，这样一个不起眼的动作将会招来杀身之祸！

1970 年，美洲的一名女教师就因拍打了一只停在她手背上的蜜蜂而惹怒了整个蜂群，仅仅几十秒的时间，近千只蜜蜂倾巢出动，在她的面部和背部蜇了几百次，最终这名女教师在医院里死去。

犯下这宗惨案的凶手就是我们——疯狂而残忍的杀人蜂！

我的天啊！救命啊！刚才都已经蜇过我了，还不放过我啊！

我们拥有极为敏锐的感官，30 米外传来的噪声和气味就能让我们暴怒。一旦认定了威胁，我们就会派出大量卫兵穷追不舍，数量通常达到上千只，最多可达 3 万只，恐怖吧！

就算你已经意识到危险，开始快速逃离，我们也要追出去 1000 米以上，继续攻击。还不只如此，更可怕的是，一旦有一只杀人蜂蜇到了入侵者，留在入侵者体表的针刺会散发出一种信息素，通知更多的同伴发动攻击，源源不断！

动物调查

令人难以置信的是，这种蜜蜂竟然来自一位科学家为了提高美洲蜂蜜产量的美好实验！
为了让美洲新大陆的人们吃上本土蜂蜜，养蜂人从欧洲引进了蜜蜂。
但欧洲蜜蜂毕竟适应的是欧洲的气候，经过筛选，科学家瞄准了非洲大陆的蜜蜂。
后来，由于一次实验的疏忽，26 只原始杀人蜂后带着它们的臣民逃出了实验室！
如今，杀人蜂的数量已超过 10 亿只，据不完全统计，已有 1000 多人死于杀人蜂的蜇刺。

动物界的暴脾气之

蜜獾

暴躁指数：★★★★★
破 坏 力：★★★

那可不行！
必须分出胜负！

我们居住在非洲和亚洲的南部和西部。吉尼斯世界纪录把我们命名为“最大胆的动物”。我们表面看起来很可爱，实际上脾气很大，几乎会攻击所有东西。

听名字就能猜出我们一定跟蜜蜂有关。我们喜欢吃蜜蜂幼虫和蛹，会不顾自身安危，直接冲进蜂巢，这种莽撞的行为往往会导致我们被蜜蜂蜇死，因为它们不把我们蜇死，我们是绝对不会放弃蜂蜜的！

动物调查

据研究，当发生正面交锋时，蜜獾面对大型掠食者的反应倾向于战斗而不是逃走。

这种最大体重只有 14 千克的动物，发起火来敢与花豹、鳄鱼甚至狮子搏斗。

尽管狮子和猎豹这样的大型食肉目动物毫无疑问地具备杀死蜜獾的能力，但却很少能够看到它们捕食蜜獾的情况。

这是因为蜜獾那厚而松的皮肤令掠食者难以咬住，这使得它在被咬的同时能够扭过身子反咬攻击者。而在野外，尤其在炎热的非洲大草原上，动物身上一个微小伤口的感染都可能是致命的。

所以，谁也不想为了一顿没多少肉的饭而轻易去招惹这个麻烦的家伙。此外，蜜獾自身对蛇毒具有一定的免疫能力，所以它还是毒蛇的克星。

由于它们天不怕地不怕的性格，使它们在网络上拥有了响亮的名字——“平头哥”。

动物界的暴脾气之非洲象

暴躁指数：★★★★★
破坏力：★★★★★

我们是陆地上最大的哺乳动物，有两个种类：非洲草原象和非洲森林象。

成年雄性非洲象身高可达 4 米，体重为 4~5 吨，最重纪录有 10 吨，光是象牙就达 102.7 千克。

我们在非洲大草原上所向无敌，没有任何动物敢去招惹成年非洲象，包括狮子、野牛、犀牛、河马这些非洲最为凶猛的动物在内。

我们家族中年轻的公象脾气非常暴躁，特别容易失控，尤其是在发情期，它们的睾丸激素会提升 60 倍！这时它们会表现得浑身不适，一点儿不顺心都能让它们暴跳如雷。

它们一旦发怒，庞大的身躯产生的破坏力是陆地上其他动物都无法比拟的。

动物调查

每年，非洲象因为发怒而杀死的犀牛就超过50头，每年死于大象袭击的人平均为500人左右。

此外，大象记忆力特别好，特别记仇，几十年都不会忘记曾经伤害过它的人和动物，真的是惹不起！

这么厉害的动物，却因为象牙而被盗猎者杀害。

非洲象现在已经被《美国濒危物种保护法》和《世界自然保护联盟》列为濒危物种，被《华盛顿公约》列入附录。

在非洲，种类繁多的猛兽本身就是一道危险的风景。

人们对这些猛兽既恐惧又好奇。但在我们河马面前，再凶猛的狮子和猎豹也不堪一击。每年有将近 500 人死于我们的袭击，比死于狮子口中的多十几倍，我们是“非洲头号杀人魔”！

成年后的我们在野外没有天敌，脾气暴躁是出了名的，领地意识极强，不管你是狮子、鳄鱼，还是犀牛、野牛，敢在河马面前乱晃，都要遭殃！

动物调查

河马体重最重可达 3 吨，150 度张开的血盆大口中长有约 30 厘米长的锋利牙齿，比鳄鱼的咬合力还要强，奔跑速度最高可达 40 千米 / 时，在动物中虽然不是很快，但追上人类是轻而易举的！

也就是说，只要被河马怒目盯上，基本就相当于处在死亡边缘了。

就连凶猛的尼罗鳄误入河马群也会被一口叼起，咬到断气。

甚至有游客还没意识到水下藏匿着河马，就已经惨遭毒手。

但是河马再暴躁也还是敌不过人类，近些年在人类的不停猎杀下，联合国还是把河马列为了“易危”物种。

带上爱探索的你，去发现
动物世界的奥秘

微信扫码
添加智能阅读小书童
还有好看的童话书等
你解锁哦~

- 趣味问答　本书小常识，你能答多少？快来试试吧
- 动物科普　动物有哪些小秘密？等你来发现

- 读书笔记　记录新奇感受，探险之旅有回顾
- 读者社群　拍下动物萌照，群内分享乐趣多

【动物绘画赛】为小动物画画
【成语知多少】走进成语里的动物王国

图书在版编目（CIP）数据

假如动物会说话. 走开，我脾气不好！ / 蒙哥著；麦川文化绘. — 沈阳：辽宁科学技术出版社, 2022.1
ISBN 978-7-5591-1807-3

Ⅰ. ①假… Ⅱ. ①蒙… ②麦… Ⅲ. ①动物—少儿读物 Ⅳ. ①Q95-49

中国版本图书馆CIP数据核字（2020）第200320号

出版发行：辽宁科学技术出版社
（地址：沈阳市和平区十一纬路 25 号　邮编：110003）
印 刷 者：辽宁新华印务有限公司
经 销 者：各地新华书店
幅面尺寸：230mm × 300mm
印　　张：5.25
字　　数：80 千字
出版时间：2022 年 1 月第 1 版
印刷时间：2022 年 1 月第 1 次印刷
责任编辑：姜　璐
封面设计：吕　丹
版式设计：吕　丹
责任校对：徐　跃

书　　号：ISBN 978-7-5591-1807-3
定　　价：35.00 元

投稿热线：024-23284062
邮购热线：024-23284502
E-mail:1187962917@qq.com
http://www.lnkj.com.cn